中国地质大学(武汉)实验教学系列教材
国家地质学理科基地专项基金资助
中国地质大学(武汉)实验技术研究项目资助

# 地史古生物学
# 典型教学标本图册

DISHI GUSHENGWUXUE DIANXING JIAOXUE BIAOBEN TUCE

杨浩 陈斌 ◎ 编

中国地质大学出版社有限责任公司
ZHONGGUO DIZHI DAXUE CHUBANSHE YOUXIAN ZEREN GONGSI

#### 图书在版编目(CIP)数据

地史古生物学典型教学标本图册/杨浩,陈斌编. —武汉:
中国地质大学出版社有限责任公司,2012.10

ISBN 978-7-5625-2966-8

Ⅰ.①地…
Ⅱ.①杨…②陈…
Ⅲ.①地史学-古生物学-标本-教材
Ⅳ.①P53-64②Q91-64

中国版本图书馆 CIP 数据核字(2012)第 229005 号

| 地史古生物学典型教学标本图册 | 杨浩 陈斌 编 |
|---|---|
| 责任编辑:马新兵 刘桂涛 | 责任校对:戴莹 |

| 出版发行:中国地质大学出版社有限责任公司 | |
|---|---|
| (武汉市洪山区鲁磨路388号) | 邮政编码:430074 |
| 电话:(027)67883511 传真:(027)67883580 | E-mail:cbb@cug.edu.cn |
| 经 销:全国新华书店 | http://www.cugp.cug.edu.cn |
| 开本:787毫米×1 092毫米 1/16 | 字数:128千字 印张:5 |
| 版次:2012年10月第1版 | 印次:2012年10月第1次印刷 |
| 印刷:荆州鸿盛印务有限公司 | 印数:1—1 000册 |
| ISBN 978-7-5625-2966-8 | 定价:36.00元 |

如有印装质量问题请与印刷厂联系调换

# 中国地质大学(武汉)实验教学系列教材编委会名单

**主　任：** 唐辉明

**副主任：** 向　东　　杨　伦

**编委会成员**（以姓氏笔画排序）：

| | | | | |
|---|---|---|---|---|
| 牛瑞卿 | 王　莉 | 王广君 | 王春阳 | 何明中 |
| 吴　立 | 李鹏飞 | 杨坤光 | 杨明星 | 卓成刚 |
| 周顺平 | 罗新建 | 饶建华 | 夏庆霖 | 梁　志 |
| 梁　杏 | 曾健友 | 程永进 | 董元兴 | 戴光明 |

**选题策划：**

| | | | | |
|---|---|---|---|---|
| 梁　志 | 毕克成 | 郭金楠 | 赵颖弘 | 王凤林 |

# 目 录

第一章　化石的鉴定技术 ·································································· 1

第二章　古生物学教学中的各门类化石 ··············································· 2

　一、䗴类 ······································································································· 2

　二、珊瑚 ······································································································ 11

　三、双壳纲和腹足纲 ························································································ 19

　四、头足纲 ··································································································· 29

　五、三叶虫纲 ································································································ 38

　六、腕足动物门 ····························································································· 45

　七、笔石纲 ··································································································· 53

　八、古植物 ··································································································· 63

第三章　结束语 ···································································· 72

参考文献 ················································································· 73

# 第一章  化石的鉴定技术

化石是指保存在岩层中的一定地质历史时期的古生物的遗体、生命活动的遗迹以及生物成因的残留有机分子。它是古生物学和地史学的主要研究对象。除特殊的分子化石外，一般化石仅保存其形态特征。所以，古生物化石的鉴定是以形态为主要依据的。在一些门类中，高级分类单元是按自然系统划分的，低级的分类，无法按照自然系统进行，而是依据化石的种类、形态等进行鉴别，确定一些形态或器官的种、属，甚至科。

不同门类古生物化石的具体鉴定方法一般都要经过下述步骤：①认知标本外部形态和内部构造，对大化石的细微构造或微体化石，一般需要借助实体镜、显微镜或电子显微镜进行观察。为了解其内部构造特征，有时要将化石做连续切片，对切片照相或素描；②查阅相关文献，确定手中标本较大的分类阶元，一般定到科；③利用数据库、检索表和图版等文献资料，对比标本与已报道标本的相似和不同，最终将标本进一步检索到属、种；④选择有代表性的种群标本或典型的单个标本进行特征描记，测量各种性状要素和照相。

标本鉴定以后，还要进行记述。一个古生物种的完整记述，按顺序包括以下各项：学名、图版、同异名录、模式（种群）标本的编号和保存地点、鉴定要点、描述、大小及与其他数据资料的对比情况、产地和层位。

# 第二章  古生物学教学中的各门类化石

## 一、䗴类

观察步骤

䗴是包旋壳，且小，必须借助显微镜和事先制作的切片，才能观察到内部构造和微细构造，进行分类和鉴定。鉴定䗴首先要选择恰当的切面，然后由表及里地进行观察（一般按大小、壳形、旋卷情况、旋壁构造、隔壁类型、副隔壁、旋脊和拟旋脊及初房等的顺序）和描述。

1. 切面的选择和方向的确定

在䗴类切面中最主要的有三个方向的切面。

（1）轴切面  通过轴和初房，这是研究䗴类最主要的切面，其壳形、大小以及一些主要构造都能在其中得到直接观察，一般构造比较简单的较原始的䗴类，只需此切面就可进行准确的属种鉴定，因此该切面是䗴类研究不可缺少的。

（2）旋切面（中切面）  该切面通过初房垂直轴，是䗴类鉴定的一种辅助切面，在该切面上可观察每一壳圈的隔壁数及其间距、旋圈旋卷的松紧、特殊形态的观察（如喇叭形）、轴向副隔壁、旋圈数等。

（3）弦切面  这是平行轴但不通过初房的切面，该切面主要用以观察旋向沟。这些切面可以通过观察旋壁进行确定。轴切面的旋壁是上半旋壁两端包下半旋壁。弦切面的旋壁形成封闭的圆或椭圆（相当于同心状）。旋切面的旋壁则由里到外相连贯穿。其他方向的切面,都叫斜切面或偏轴切面。

2. 大小、形状的确定

形状的描述主要根据轴率(长/宽),其划分的等级依次为微小(长度<1mm),小(长度1～3mm),中等(长度3～6mm),大(长度6～10mm),巨大(长度10～20mm),特大(长度>20mm)。内、外壳圈轴的变化也是定种的依据之一。

3. 内部构造的观察

不同的属有不同的构造组合,可以利用构造的差异,区分出不同类别。我们在观察标本时,应注意构造的组合特点及其变化,它们构成了不同属的特征。在鏟亚目中,有些构造明显是相关的,如有拟旋脊,隔壁定平直;有副隔壁定有拟旋脊,隔壁平直或微褶皱的,旋脊一般都发育;隔壁全面褶皱或强烈褶皱时则旋脊不发育或无。了解这些构造的相关关系,对于我们掌握化石的特征也大有益处。各种内部构造都是通过切片在镜下观察才能看到的,其中隔壁和旋壁的表现如下。

(1) 旋壁　在鉴定中要判断旋壁层式,首先看致密层(一条致密细黑线),然后再看其他层。外疏松层一定在致密层外(灰黑色厚薄不均一的半透明状),内疏松层则在致密层内。如果有透明层,则透明层(无色透明)一定在致密层内,蜂巢层也在致密层下,一般有透明层就无蜂巢层,有蜂巢层则无透明层。有透明层或蜂巢层,如果还有内疏松层,则内疏松层一定在它们之内,所以在观察时一定要注意其位置。

(2) 隔壁　平直隔壁在任何切面都是一条直线或弧线,在轴切面上仅出现在轴端。轻微褶皱在轴切面上仅限上轴的两端,呈泡沫状。强烈褶皱在轴切面上布满了所有壳圈,呈半环状。

## *Fusulina* Fischer de Waldhein, 1829（纺锤䗴）

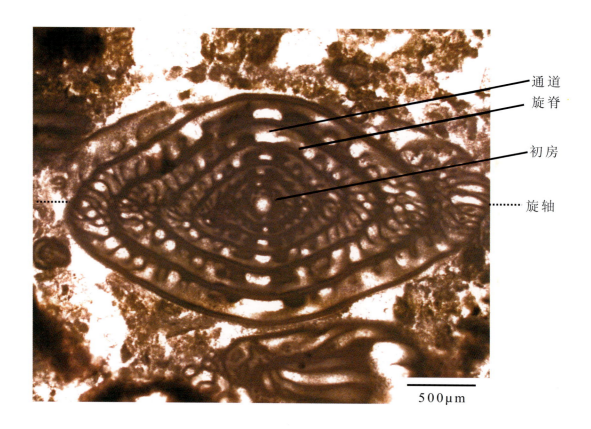

壳纺锤形至长纺锤形。旋壁由致密层、透明层及内、外疏松层组成。隔壁褶皱强烈，旋脊小。亚洲及欧洲晚石炭世早期，北美晚石炭世。中国富产于上石炭统下部。

**图片来源**：中国地质大学（武汉）地球生物系

## *Schwagerina* Moeller, 1877（希瓦格䗴）

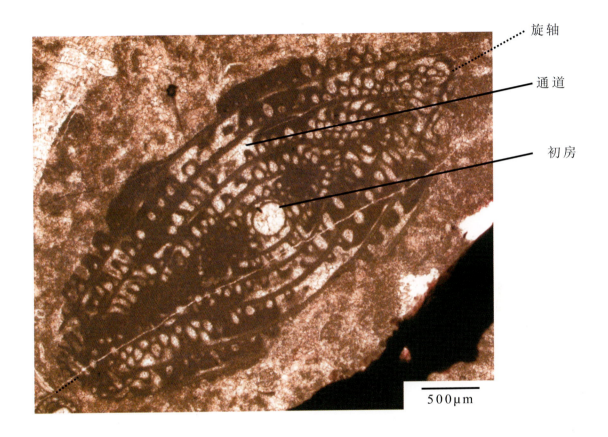

壳小到大，粗至长纺锤形。旋壁由致密层及蜂巢层组成。隔壁褶皱强烈且较规则。旋脊无或小，而仅见于内壳圈上，有时具轴积。二叠纪，产于亚洲、欧洲及北美。中国化石很多。

**图片来源**：中国地质大学（武汉）地球生物系

# *Neoschwagerina* Yabe，1903（新希瓦格鏾）

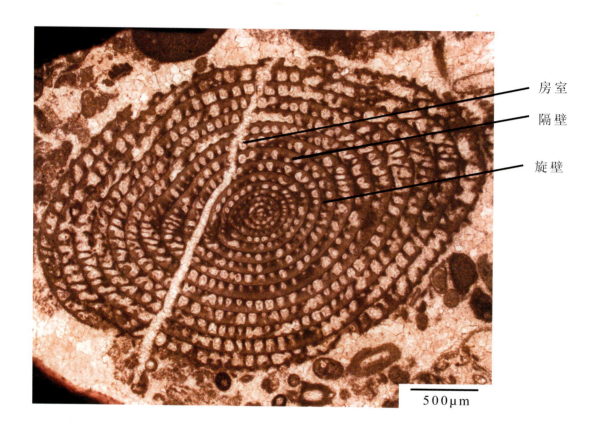

壳大，纺锤形。壳圈密而多。旋壁由致密层及新希瓦格蜂巢层组成。隔壁平直，列孔多。具轴向及旋向两组副隔壁，旋向者又可分为第一副隔壁和第二副隔壁。拟旋脊发育，宽而低，常和第一旋向副隔壁相连。中二叠世晚期，产于亚洲、欧洲及北美。中国主要产于南方及西北中二叠统上部。

**图片来源**：中国地质大学（武汉）地球生物系

## *Ozawainella* Thompson, 1935（小泽䗴）

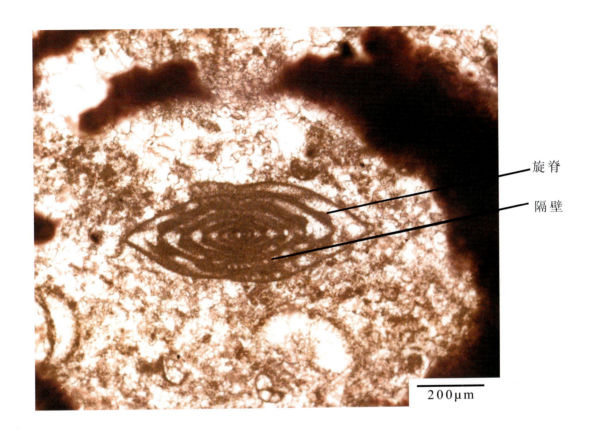

壳小，凸透镜形，壳缘尖锐。旋壁较薄，由致密层及内、外疏松层共三层组成。隔壁平直。旋脊发育，向极部延伸。石炭纪至二叠纪，以石炭纪为主，产于亚洲、欧洲及北美。中国多产于海相上石炭统，二叠系中也有产出。

**图片来源**：中国地质大学（武汉）地球生物系

# *Pseudostaffella* Thompson, 1942（假史塔夫䗴）

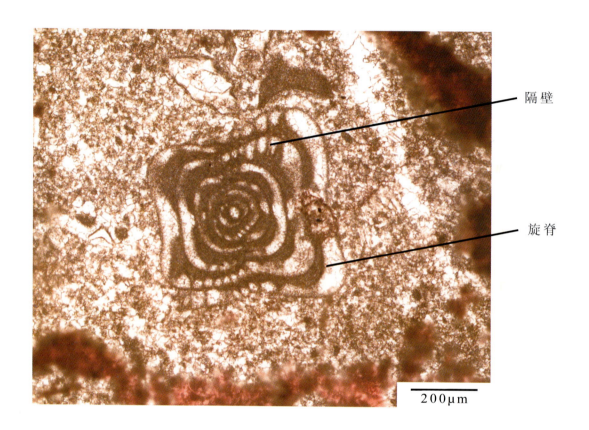

隔壁

旋脊

200μm

壳小，假史塔夫近球形或近正方形。内圈中轴与外圈中轴斜交。旋壁由致密层及内、外疏松层组成。旋脊发育，常延伸至两极。隔壁平，通道高。晚石炭世早期，产于亚洲、欧洲及北美。中国产于晚石炭世早期海相地层。

**图片来源**：中国地质大学（武汉）地球生物系

## *Palaeofusulina* Deprat，1912（古蜓）

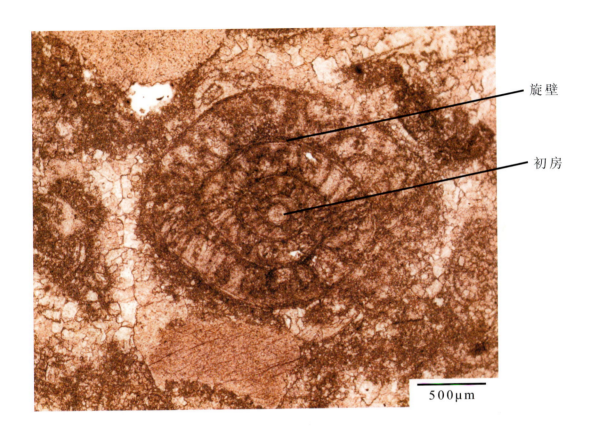

壳小，粗纺缍形，中部膨大，两端钝圆，包旋较紧。旋壁由致密层和透明层组成，隔壁强烈褶皱，初房较大。晚二叠世。

**图片来源**：中国地质大学（武汉）地球生物系

## *Nankinella* Lee, 1933（南京䗴属）

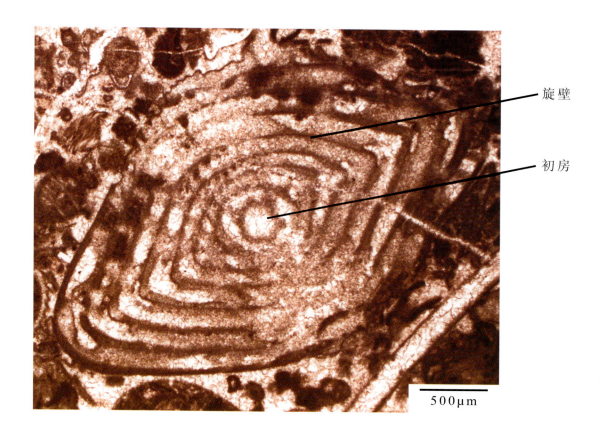

壳中等大小，凸镜形。壳缘圆尖，脐部外凸。一般8～14圈。旋壁常矿化，构造不易看清。隔壁平直。旋脊发育，每圈均有。常硅化，在风化的石灰岩表面突出显著。二叠纪。

**图片来源**：中国地质大学（武汉）地球生物系

# 二、珊瑚

观察步骤

总的说来是从宏观到微观，由表及里地逐步进行。

1. 看外形，区别单体和复体

对单体珊瑚应注意其大小与形状，特别要注意顶角大小。对复体珊瑚则要注意复体形态，是块状还是丛状。块状复体则要注意间壁的有无、个体间的关系，以此区分出其中的具体复体类型。

2. 内部构造

(1) 纵列构造 要注意隔壁类型、级数（有几级）、长短、疏密（隔壁数）、加厚情况（外端、中央或内端加厚）、形态（旗状、穿孔、朗士德型）。

(2) 横列构造（鳞板和横板） 对鳞板要注意边缘鳞板带的有无、形态、宽窄、分布的疏密，是否为朗士德型鳞板（或称边缘泡沫板）等；对横板要注意其发育情况、分化与否（边缘分化、中央分化）、疏密、形状（上拱、下凹、下斜、水平）以及横板带的宽窄。

(3) 轴部构造 注意其有无、类型（中轴、中柱或是轴管）、发育程度。

3. 其他构造（内沟、脊板、凸板）

有无、发育程度及形状。

4. 根据构造（纵列、横列及轴部构造）的组合确定带型

提示：四射珊瑚不同的属种有不同的外部形态，形态的观察比较直观。但在鉴定中，内部构造更为重要。观察内部构造，要通过不同方向的切片，一般有纵切面和横切面两个，因此在观察时，特别要注意各种骨骼构造在不同切面上的表现。我们把构造分为纵列、横列和轴部，在通常情况下，纵列构造在横切面上表现最清楚，横列构造在纵切面表现最清楚。轴部构造（中柱）则需两个切面结合。但在实际观察过程中，鳞板或泡沫板常斜列，横板常分化或并非完全水平，因此在横切面上都能有很清晰的表现。判断鳞板、横板、泡沫板（边缘泡沫板）应注意构造的位置和形态。

## *Hexagonaria* Gurich，1896（六方珊瑚）

多角状复体。隔壁常不达中心，二级隔壁长短不定。鳞板规则呈"人"字形。横板常分化为轴部与边宽，轴部横板近平或微上凸。中—晚泥盆世。

**图片来源**：中国地质大学（武汉）地球生物系（A横切面，B纵切面）

## *Lithostrotion* Fleming，1828（石柱珊瑚）

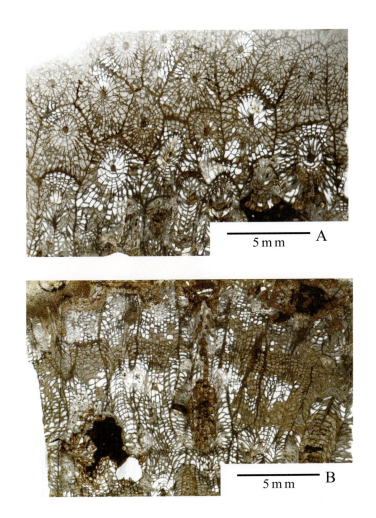

复体多角状或丛状，隔壁较长，具明显的中轴。横板呈帐篷状，有的在横板带的边缘部分具水平的小横板。鳞板带一般较宽。鳞板小型。早石炭世。

**图片来源**：中国地质大学（武汉）地球生物系（A横切面，B纵切面）

## *Wentzellophyllum* Hudson, 1958(似文采尔珊瑚)

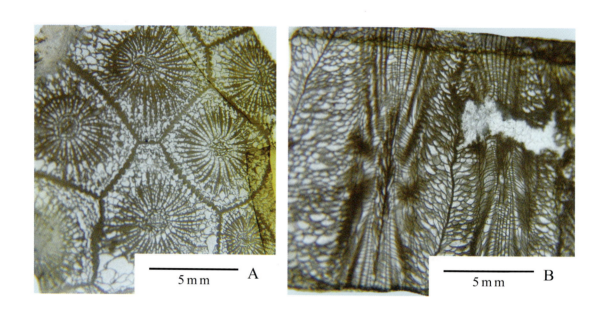

复体块状,个体呈多角柱状,具蛛网状中柱。边缘泡沫带宽,泡沫板较小而数目多。横板向中柱倾斜,与鳞板带的界线不明显。中二叠世。

**图片来源:** 中国地质大学(武汉)地球生物系(A横切面,B纵切面)

## *Kueichouphyllum* Yu,1931（贵州珊瑚）

大型单体，弯锥柱状。一级隔壁数多，长达中心。二级隔壁也较长，鳞板带宽，在横切面上呈半圆形。主内沟清楚，窄长。横板短小，呈泡沫状，向轴部隆起。早石炭世晚期。

**图片来源**：中国地质大学（武汉）地球生物系（A横切面，B纵切面）

## *Tachylasma* Grabau, 1922（速壁珊瑚）

5mm

  小型阔锥状单体。隔壁作四分羽状排列，对部发育较快速，因此隔壁数较主部多。两个侧隔壁和两个对侧隔壁在内端特别加厚，形成棍棒状。主隔壁萎缩，主内沟明显。二级隔壁短。横板上凸。无鳞板。石炭纪至二叠纪。

  **图片来源**：中国地质大学（武汉）地球生物系（横切面光面）

## *Favosites* Lamarck,1816(蜂巢珊瑚)

各种外形的块状复体。个体多角柱状,体壁薄,常见中间缝。联结孔分布在壁上(壁孔),1～6列。隔壁呈刺状、瘤状或无。志留纪至中泥盆世。

**图片来源**:中国地质大学(武汉)地球生物系(A实体,B横切面,C纵切面)

## *Halysites* Fischer von Wadhein 1828（链珊瑚）

10mm

复体链状，由圆或椭圆形横断面个体形成。个体之间有共骨管存在，横断面为长方形，横板多而整齐。隔壁有时为12排短刺状，有时不显著。中奥陶世至志留纪。

**图片来源**：中国地质大学（武汉）地球生物系

# 三、双壳纲和腹足纲

观察步骤

◎ **双壳纲的观察方法**

1.判断定向

定向时要先定背、腹;次定前、后;最后定左、右瓣。即将两瓣的铰合部向上(为背方),开闭部向下(为腹方),并将壳的前方指向观察者的前方,如此判定,位于观察者右侧壳瓣称右壳,左侧壳瓣称左壳。定向的难点是确定壳的前、后,应综合各种外部和内部特征加以判断。

(1)喙多指向前方。

(2)壳的前后不对称者,一般喙后壳面较喙前壳面长,实际喙多处于壳的前部。

(3)放射及同心纹饰一般向后方扩散,即纹饰向后方变稀疏,向前方变紧密。

(4)新月面在前,盾纹面在后。

(5)足丝凹曲(凹口)在前,后耳常大于前耳,后壳顶脊在后。

(6)壳内外套湾位于后部,两肌痕不等大时,大者在后,只有一肌痕时,一般位于中央偏后。

2.观察壳的外部构造

壳的外部构造是观察的重点。

(1)壳形和壳饰,喙的指向及位置,顶脊线。

(2)基面(与壳面不同,壳面上常具放射饰及同心饰,而基面是喙与铰缘之间韧带附着面,或平或凹,一般没有纹饰)、新月面、盾纹面。

(3)耳(铰缘下前端和后端翼状伸出体)、耳凹(耳与壳面间的槽状沟)、足丝凹口(右前耳下方)、足丝凹曲(左前耳下方)。

3.观察壳的内部构造

壳的内部构造仅在保存良好的标本中观察,主要包括:

(1)齿系,其中不易区分的是异齿型和古异齿型。

(2)外套湾及外套线。

(3)肌痕。

### ◎ 腹足纲观察方法

1.首先观察壳形,判定是塔形壳还是平旋壳或盘旋壳,然后定向。定向的原则是将壳顶(或胚壳)置于上方,壳口朝下,并面向观察者,此时壳口在观察者右方,叫右旋壳;反之,在观察者左方,叫左旋壳。

2.塔形壳的观察重点是螺壳顶角大小,螺塔与体螺环的比例,螺环数量及断面形态,壳口形状,壳饰以及脐、轴、裂带等。

3.平旋壳要将凹的一面(具脐)朝下,观察旋卷的松紧,螺环断面形态以及壳饰等。

## *Claraia* Bittner,1900（克式蛤）

10mm

壳圆，左凸右平，喙位前方，铰缘直面短于壳长。前耳小或无，右足丝凹口明显，后耳较大，但不呈翼状，与壳体逐渐过渡。具同心或（及）放射饰。早三叠世。

**图片来源**：中国地质大学（武汉）地球生物系

## *Myophoria* Bronn, 1834（褶翅蛤）

三角形，具后壳顶脊。裂齿型。喙前转，光滑或具较简单的同心纹饰，有附肌围脊。三叠纪。

**图片来源**：中国地质大学（武汉）地球生物系

## *Eumorphotis* Bittner,1900(正海扇)

10mm

壳中等至较大,正或微前斜,壳长常大于壳高。不等壳,左壳凸,右壳扁平。两耳发达,后耳较大,耳凹深,沟状,后耳与壳逐渐过渡,右前耳下的足丝凹口明显。铰缘直而长,约与壳长相等。壳面具放射纹饰。早三叠世。

**图片来源**:中国地质大学(武汉)地球生物系

## *Anadara* Cray,1847（粗饰蚶）

斜四边形，具宽的基面，上有"人"形槽，铰缘直，短于壳长，沿铰缘一排栉齿，两侧微弯。内腹边腹锯齿状。无外套湾。壳面具粗射脊，其上常有瘤或沟。白垩纪至现代。

**图片来源**：中国地质大学（武汉）地球生物系（A外视，B内视）

## *Corbicula* Merge, 1811（蓝蚬）

壳圆卵形，壳顶突出，壳面具生长线。典型的蓝蚬齿状，后韧式，同柱，侧齿有细沟纹。白垩纪至现代，非海相。

**图片来源**：中国地质大学（武汉）地球生物系（A外视，B内视）

# *Lamprotula* Simpson, 1900（丽蚌）

壳较大且厚重，圆三角形至近菱形。喙近前端，壳面除粗生长线（层、褶）外，常具"V"形、"W"形顶饰，并向后变为瘤状，此外，后壳面可能有斜射脊。假主齿型。中侏罗世至现代，非海相。

**图片来源**：中国地质大学（武汉）地球生物系（A 外视，B 内视）

## *Hormotoma* Salter, 1859（链房螺）

螺塔高，螺环多，切面凸圆，缝合线内凹。壳口窄，椭圆形，缺凹宽，裂带位于轴环中或下部，但内核上看不到。壳面具生长线。奥陶纪至志留纪。

**图片来源**：中国地质大学（武汉）地球生物系

# *Ecculiomphalus* Portlock, 1843 (松旋螺)

10mm

盘形,末圈松旋,螺环少,扩大快;上壁与外壁构成高而狭的旋棱(但在内核上高耸部分未见),下壁圆凸;具生长线,在旋棱处形成凹。奥陶纪至志留纪(中国常见于早、中奥陶世)。

**图片来源**:中国地质大学(武汉)地球生物系

## 四、头足纲

观察步骤

1. 确定标本归类

首先,根据壳形、缝合线、体管类型等确定现有标本应归入鹦鹉螺类或菊石亚纲。

2. 鹦鹉螺类的观察要点

(1) 外壳的形状、大小、壳面装饰。

(2) 观察隔壁的重点是疏密程度。

(3) 体管类型 是分类的主要特征,应很好掌握。体管由颈和连接环组成,隔壁颈是隔壁孔周围向下延伸的颈状小管,其成分与隔壁一致,应注意颈的长、短、直、弯;而连接环是由索状管分泌的灰质环状小管,将相邻的隔壁颈连接起来,应注意连接环的有无、膨胀程度。

(4) 体内沉积 包括体管内沉积(内锥和环节珠等)和气室内沉积(壁前、壁后沉积等)。

3. 菊石亚纲观察要点

(1) 外壳应区分旋环包卷差异,以此区分为:①外卷 外旋环(横纹部分)与内旋环相邻接触,侧向能观察到所有旋环;②半外卷 外旋环包围内旋环(直径)不超过1/2;③半内卷 外旋环包围内旋环(直径)超过1/2;④内卷 外旋环完全包围内旋环,侧向只能见到外旋环,与鋌类相似。

旋环断面和旋壳腹缘形态是部分属的重要特征。

(2) 壳饰(横向和旋向线、脊、肋,瘤)和腹沟、棱,以及收缩沟等。

(3) 缝合线是隔壁与壳内面的交线,应剥去外壳才能见到。在观察时要注意鞍、叶的分异程度,判定缝合线类型,并用展开图表示外缝合线。

## *Armenoceras* Foerste,1924（阿门角石）

10mm

　　头足纲珠角石亚纲的一属。壳直，中等至大。隔壁较密，隔壁颈极短，弯颈式，颈缘长且与隔壁接触或相距很近。体管大呈宽扁串珠状，悬垂环珠沉积发育。此属与珠角石相似，但体管节更扁、宽，隔壁颈极短，颈缘部分很长，且向外反转。奥陶纪至志留纪，产于亚洲、欧洲及北美。中国多产于北方中、上奥陶统。

　　**图片来源**：中国地质大学（武汉）地球生物系

## *Sinoceras* Shimizu and Obata, 1951（震旦角石）

10mm

曾称中华角石。头足纲直角石亚纲的一属。壳长圆锥形,壳面覆以显著的震旦角石波状横纹,隔壁颈直,长约相当于气室深度的一半。体管细小,位于壳的中央或稍偏。住室无纵沟。中奥陶世,中国主要产于南方。

**图片来源**：中国地质大学（武汉）地球生物系

## *Manticoceras* Hyatt, 1884（尖棱菊石）

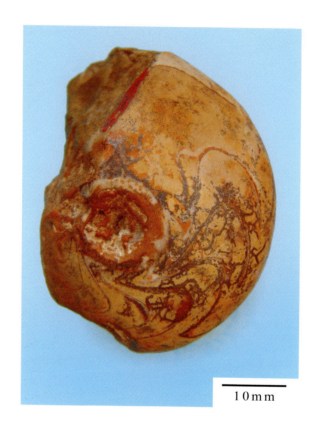

10mm

壳半外卷到内卷，呈扁饼状。腹部由弯圆形到尖棱状。壳面饰有弓形的生长线纹，缝合线由一个三分的腹叶、一对侧叶、一对内侧叶及一个"V"形的背叶组成。晚泥盆世，广布于世界各地。中国产于湖南、广西上泥盆统。

**图片来源**：中国地质大学（武汉）地球生物系

## *Ceratites* Haan, 1825（齿菊石）

10mm

齿菊石，头足纲、菊石亚纲、齿菊石目。壳外卷至半外卷，厚盘状。腹平或呈浑圆形。旋环横断面近方形。壳面饰有粗横肋，在腹侧常结为瘤状。典型的齿菊石型缝合线，腹叶宽浅，侧叶带小齿，鞍部圆。三叠纪，产地为欧洲。

**图片来源：** 中国地质大学（武汉）地球生物系

# *Pseudotirolites* Sun, 1937（假提罗菊石）

头足纲菊石亚纲的一属。壳外卷，盘状，侧部具明显的肋，近腹部常有腹侧瘤和横肋，腹棱明显。齿菊石型缝合线，侧叶宽而深，下端具很多锯齿，腹鞍低，分腹叶为两个尖的腹支叶，鞍部为圆顶。产于中国南方上二叠统大隆组。

**图片来源**：中国地质大学（武汉）地球生物系

# *Ophiceras* Griesbach, 1880（蛇菊石）

5 mm

头足纲菊石亚纲的一属。壳外卷,呈盘状,腹部窄圆。脐部很宽,脐壁高而直立。壳面一般光滑或具少数不明显的肋或瘤。缝合线齿菊石型。早三叠世,产于亚洲。中国产于南方下三叠统下部。

**图片来源**:中国地质大学(武汉)地球生物系

## *Protrachyceras* Mojs, 1893（前粗菊石）

壳半外卷至半内卷，呈扁饼状。腹部具腹沟，沟旁各有一排瘤。壳表具有许多横肋，每一肋上附有排列规则的瘤，横肋常分叉或插入。缝合线为亚菊石式，鞍部发生微弱的褶皱。中、晚三叠世。

**图片来源**：中国地质大学（武汉）地球生物系

## *Altudoceras* Ruzheacev,1940(阿尔图菊石)

5mm

壳半外卷至半内卷,盘状。旋环横断面半椭圆形,腹部圆。脐较大。壳面饰以纵纹和不明显的横纹,至腹部随腹弯向后弯曲。内旋环具瘤。缝合线的腹叶不很宽,侧叶宽而尖;脐叶呈漏斗状。二叠纪。

**图片来源**:中国地质大学(武汉)地球生物系

# 五、三叶虫纲

观察步骤

1. 弄清手中标本属三叶虫个体中哪一部分

完整三叶虫背甲极少见,多数为分散保存的头盖和尾甲,而活动颊和胸节易破损,亦不多见。这是因为三叶虫背甲本身由若干甲片拼接而成,甲片间连接并不坚固,在浅海波浪、潮汐作用下易分散。即使一个单个头盖也不易观其全貌,一方面是围岩覆盖,再者壳薄易破损。因此必须学会判断手中标本相当于完整个体中哪一部分,为此应当对三叶虫背甲构造有一个清晰而完整的概念。最好通过模型来理解各部分构造在形态和凹凸等方面的特征。

2. 着重观察具分属意义的特征

教材述及三叶虫分属的主要依据有8条,但对大部分三叶虫来说头鞍形状、眼叶大小和位置、固定颊(眼区)宽度、前边缘(内边缘和外边缘)发育程度、尾刺性质等更重要。

3. 建立一种相对比例的概念

不少门类"属"的差异以某些构造的有无来判定。而三叶虫类则不同,"属"间差异多是以某些构造存在的相对比例来判定,如头鞍长短、固定颊宽窄、内边缘宽窄等。因此须通过具体属的观察来掌握各种尺度。

## *Drepanura* Bergeron, 1899（蝙蝠虫）

头盖梯形,头鞍后部宽大,前部较窄,前端截切;前边缘极窄。眼叶小,位于头鞍相对位置的前部,并十分靠近头鞍;后侧翼形成宽大的三角形。尾轴窄而短,末端变尖,尾部具一对强大的前肋刺,其间为锯齿状的次生刺。晚寒武世早期。

**图片来源**:中国地质大学(武汉)地球生物系

# *Damesella* Walcott, 1905（德氏虫）

20mm

头甲横宽，头鞍长，向前收缩，鞍沟短；无内边缘，外边缘宽，略上凸；眼叶中等大小，固定狭窄。尾轴逐渐向后收缩，末端浑圆；肋沟较间肋沟宽而深；边缘窄而不显著，具长短不同的尾刺6～7对。壳面具瘤点。中寒武世晚期。

**图片来源**：中国地质大学（武汉）地球生物系

## *Coronocephalus* Grabau, 1924（王冠虫）

10mm

头鞍前宽后窄,成棒状,后部狭窄部分被3条深而宽的横沟分隔;前颊类面线,活动颊边缘上有9个齿状瘤;头甲壳面粗瘤。尾甲长三角形,轴部分为35～45节;肋部分节数较少,由14～15个简单的无沟的肋节组成。中志留世。

**图片来源**:中国地质大学(武汉)地球生物系

# *Ptychagnostus* Jaekel,1909（褶纹球接子）

3mm

头鞍前叶亚三角形，基底叶被一对浅沟横穿。尾轴末叶三角形，未达后边缘，中部具大的中瘤，尾缘无刺。壳面可具沟纹或小瘤点。中寒武世。

**图片来源**：中国地质大学（武汉）地球生物系

## *Redlichia* Cossman, 1902（莱德利基虫）

10mm

头鞍长,锥形,具2～3对鞍沟;眼叶长,新月形,靠近头鞍;内边缘极窄。面线前支与中轴线成50°～90°夹角,眼前颜线(在眼前翼上,从眼脊向前边缘发出的一条纤细的脊线)延伸方向与面线前支相近,尾板极小。早寒武世。

**图片来源**:中国地质大学(武汉)地球生物系

## *Nankinolithus* Lu, 1954（南京三瘤虫）

头部强烈凸起，头鞍棒状，前部极凸，形成一个明显的假前叶节，具3对鞍沟，后两对较明显；颊叶无侧上粒和眼脊，饰边分为一个凹陷的内边缘和一个略为凸起的颊边缘；内边缘有3行小陷孔分布在放射形陷坑之内，颊边缘的前部有放射状排列的小陷孔，侧部小陷孔排列不规则。尾部横三角形，中轴窄，分节明显；肋叶有3对深的肋沟。晚奥陶世。

**图片来源**：中国地质大学（武汉）地球生物系

## 六、腕足动物门

观察步骤

观察腕足动物化石,应该由表及里依次进行。一般步骤和方法如下。

1. 壳的定向(先定壳的前后,再区分背、腹瓣)

一般情况下,根据下列外部特征即可判断:

①腹瓣常大于背瓣(少数例外);②腹喙常较背喙发育;③茎孔附近的构造均以腹瓣发育,圆形的内茎孔仅发育在腹瓣;④一般中槽位于腹瓣,而中隆位于背瓣(极少数例外)。

2. 观察个体的大小及壳形

先观察壳的正视形态,而后看壳的侧视、前视形态。壳的大小,按成年个体宽度的大小,大体可以划分为:小20mm以下;中等10～30mm;大30～50mm;巨大50mm以上。

3. 中槽及中隆

首先判断中槽和中隆位于腹瓣还是背瓣,发育情况,然后可从前视观察槽、隆在前缘的宽窄以及槽、隆中是否有褶皱、褶皱的情况等。

4. 壳表纹饰

壳饰可分为放射和同心壳饰,瘤、刺和细微壳饰等,观察可根据下列标准和特点判断。放射褶(内心皱),是最粗强的壳饰,不仅见于壳表的起伏,同时也影响到壳内,而线和纹较弱,仅限于壳表。线与纹(放射、同心的粗细)是相对的,纹较线更细弱而已。同心层是显示叠瓦状的带状同心纹饰。

微细壳饰必须用放大镜才能看清和辨别。

放射纹饰的生长方式多样,主要有以下几种:

不分叉——由喙向前壳线数目大致相等。

对壳刺和壳瘤要注意其分布的部位、排列规律等。

5. 茎孔附近构造

主要从后视，结合正视和侧视观察。观察的内容有：壳喙的大小及弯曲程度；基面的发育情况，铰合线的长短、直弯，主端方或圆等形态变化；三角孔和肉茎孔的有无及其发育程度；三角板和三角双板的有无等。

6. 内部构造

内部构造完整的实体标本必须加以揭示，一般是通过连续切面（磨光面）加以恢复。内核（或内模）标本的观察更为直观，或直接观察内视、背内视标本。其中牙板的有无、铰板分离或联合、匙板的有无、主突起的形状、中隔板和中隔脊的有无、腕骨类型都是分类的重要依据。

## *Lingula* Brugeere, 1872（舌形贝）

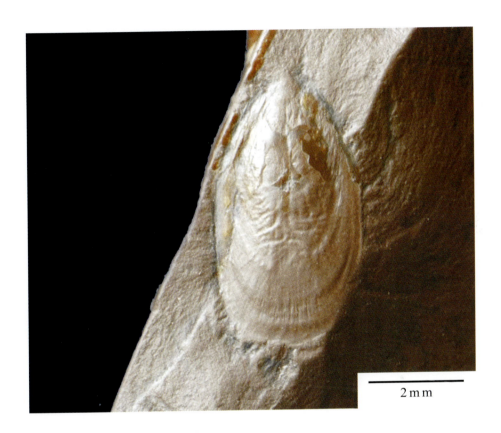

2mm

几丁磷灰质壳，壳薄，呈长卵形或直长，后缘钝尖，两瓣几乎相等，腹瓣稍大，前缘略平直，其中部常略向前突出；腹瓣具茎沟。奥陶纪至现代。

**图片来源**：中国地质大学（武汉）地球生物系

## *Dictyoclostus* Muir – Wood, 1930（网格长身贝）

壳大，呈圆方形，凹凸，腹瓣高凸，背瓣浅凹，前方急剧膝折，形成深凹的体腔；铰合线直长，主端钝方，形成耳翼；壳面放射线密布，后部有同心皱，两者相交成网络状；腹瓣有稀疏的壳刺。早石炭世。

**图片来源**：中国地质大学（武汉）地球生物系（A腹视，B侧视）

## *Cyrtospirifer* Nalivkin, 1918（弓石燕）

壳中等，双凸，呈横长方形，铰合线等于或稍大于壳宽，基面较高，斜倾型；中槽、中褶纵贯全壳；全壳覆有放射线，槽内壳线常分叉；牙板发育。晚泥盆世。

**图片来源**：中国地质大学（武汉）地球生物系（A背视，B后视，C腹视）

## *Stringocephalus* Defrance, 1825（鸮头贝）

壳大，呈近圆形，双凸，腹瓣凸度稍高；铰合线短弯，具三角双板，卵形肉茎孔位于三角双板上部；壳面光滑；腹瓣内具高大的中板；背瓣内具叉形高耸的主突起，背中板短；腕环宽长。中泥盆世。

**图片来源**：中国地质大学（武汉）地球生物系（A背视，B侧视，C腹视）

## *Yangtzeella* Kelarova, 1925（扬子贝）

壳呈横方形；铰合线直宽，双凸，背壳凸度较强；腹中槽、背中隆显著；壳面光滑；腹基面高于背基面，三角孔洞开，腹瓣内具匙形台，背瓣内具小腕房。早奥陶世。

**图片来源**：中国地质大学（武汉）地球生物系（A背视，B侧视，C腹视）

## *Yunnanellina* Grabau, 1931（小云南贝）

壳三角形，双凸，腹中槽，背中隆仅显露于壳体的前端，中槽浅阔；壳面具圆形放射线，分叉或插入式生长，前部具棱角状放射褶；齿板发育，背壳中隔板短小。晚泥盆世。

**图片来源**：中国地质大学（武汉）地球生物系（A背视，B腹视，C前视）

# 七、笔石纲

## 观察步骤

1. 笔石枝特征

原始的均分笔石科各属皆为正分枝,主要注意分枝级数(指自胎管开始,每分叉一次为一级)及末级枝总数。有的科应注意是否有分枝复杂化现象(侧枝、次枝或幼枝)。仅为单枝者应观察胞管列数。

2. 判定笔石枝生长方向

主要对具1~4个笔石枝的笔石而言,关键是笔石体的定向,即将胎管尖端向上,胎管口向下为谁,这样笔石枝背侧总方向始终朝上,腹侧总方向始终朝下。然后以笔石枝与胎管间夹角来判定笔石枝生长方向。

3. 正胞管形态

观察正胞管形态是正笔石目分属的重要依据,其类型多达10种,应观察胞管口弯转方向(内弯、外弯);腹缘弯曲程度(直、波状、强烈内折呈膝状或向外弯曲);口穴形态和口刺;胞管倾角和相邻胞管叠复程度等。

## *Acanthograptus* Spencer, 1878（刺笔石）

5 mm

笔石体灌木状，分支不规则。胞管细长，几个胞管互相紧靠，形成芽枝，骤视之好像枝上生刺。奥陶纪至志留纪。

**图片来源**：中国地质大学（武汉）地球生物系

## *Nemagraptus* Emmons, 1855（丝笔石）

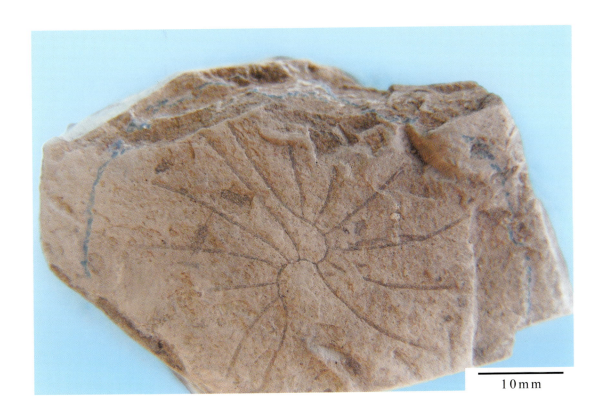

两个纤细的笔石枝从胎管中部伸出与胎管构成十字形,枝常弯曲,有时弯成"S"形。在主枝的腹侧又生出若干次枝,次枝间的距离近等。胞管长管状,作波浪状弯曲。晚奥陶世早期,产于亚洲、欧洲、大洋洲及北美。中国产于南方及甘肃上奥陶统底部。

**图片来源**：中国地质大学（武汉）地球生物系

## ***Didymograptus* McCoy,1851(对笔石)**

笔石体具两个笔石枝,不再分支,两枝下垂至上斜;胞管直管状。早至中奥陶世。

**图片来源**:中国地质大学(武汉)地球生物系

## *Climacograptus* Hall, 1865（栅笔石）

笔石体横切面呈卵形；胞管强烈弯曲，腹缘作"S"形曲折，烟斗状，口穴显著，常为方形。早奥陶世至早志留世。

**图片来源**：中国地质大学（武汉）地球生物系

## *Rastrites* Barraude, 1850（耙笔石）

10mm

  笔石体弯曲，钩形，非常纤细；胞管线形，孤立，没有掩盖，有向内弯曲的口部，共通沟纤细，胞管倾角大，与轴部近于垂直。早志留世。

  **图片来源**：中国地质大学（武汉）地球生物系

## *Glyptograptus* Lapworth, 1873（雕笔石）

笔石体具双列胞管。胞管腹缘波状弯曲，多近直，向外倾斜，口缘通常呈波形弯曲。中奥陶世至早志留世，产于亚洲、欧洲、美洲及大洋洲。中国南方及西北此类化石甚多。

**图片来源**：中国地质大学（武汉）地球生物系

# *Monograptus* Heinitz, 1852（单笔石）

5mm

笔石枝直或微弯曲，胞管口部向外弯曲，呈钩状或壶嘴状。早志留世至早泥盆世。

**图片来源**：中国地质大学（武汉）地球生物系

## *Cyrtograptus* Carruthers, 1867（弓笔石）

5 mm

笔石体呈卷曲状，具有许多胞管幼枝，幼枝有的可分两级或更多级，胞管常呈三角形。中志留世。

**图片来源**：中国地质大学（武汉）地球生物系

## *Sinograptus* Mu, 1957（中国笔石）

两个下曲的笔石枝；胞管强烈曲折，始部形成背褶，末部形成腹褶，背褶和腹褶的顶端均具有相当发育的刺。早奥陶世。

**图片来源**：中国地质大学（武汉）地球生物系

## 八、古植物

观察步骤

1. 主要化石保存特点

(1)多数植物化石是以叶片形式保存的,应注意叶的形态、结构、叶序、脉序等。

(2)部分植物化石是茎干化石,应观察茎干表面叶座及其结构;有时是茎干内部髓部核化石(茎中央髓部为泥沙充填形成的化石),应注意其上沟、肋特点。

2. 弄清小羽片、间小羽片、实羽片、裸羽片、裂片、羽片等概念

(1)实羽片  真1植物门中载有孢子囊的小羽片或羽片称生殖叶或实羽片。

(2)裸羽片  不具孢子囊的小羽片、羽片称营养叶或裸羽片。

(3)蕨叶  真蕨、种子蕨植物门等的叶很大,通常分化为叶柄和分裂的羽片,一般为一次或多次羽状,也有单叶或掌状分裂叶,它们总称为蕨叶。

(4)羽片  含羽轴和小羽片的叶片称羽片,可分为末次羽片、末二次羽片、末三次羽片等。

(5)小羽片  为叶片分裂的最小单位,总计有13种类型,其中常见类型有7种:①扇羊齿型小羽片楔形、扇状脉;②楔羊齿型小羽片朵状,扇状脉;③栉羊齿型小羽片舌状,基部附着于羽轴,羽状脉;④脉羊齿型小羽片基部心形,羽状脉,中脉不达顶端;⑤座延羊齿型小羽片基部下延,具邻脉的羽状脉;⑥带羊齿型小羽片呈带状,羽状脉,侧脉与中脉夹角大;⑦齿羊齿型小羽片呈圆三角形,基部附着于羽轴并下延,扇状脉。

(6)间小羽片  羽片相间,着生于末二次羽轴上的小羽片称间小羽片。

(7)裂片  叶发生分裂的最小单位都可称裂片,或系一种广义的裂片,在真蕨、种子蕨植物门中则称作小羽片;在苏铁、银杏植物门中则称作裂片。

## *Lepidodendron* Sternberg,1820（鳞木）

10mm

　　高大乔木,叶剑形,单脉,螺旋状排列于茎、枝上（本属一般指具叶座印痕的茎干化石),叶座呈纵菱形或纺锤形,少数横菱形,叶痕位于叶座中上部,盔形或斜方形等,叶痕中有束痕及两个侧痕;叶舌穴位于叶痕之上;叶座上有中脊、横纹,叶座间或有纵纹相隔。石炭纪至二叠纪。

　　**图片来源:** 中国地质大学（武汉）地球生物系

## *Calamites* Suckowi, 1784(芦木)

10mm

茎干髓模化石;相邻节间的纵沟、纵肋在节部交错,纵肋的顶端常具节下管痕,为通气组织;如果保存茎干外部印痕化石,在节部可见枝痕。中石炭世晚期至晚二叠世。

**图片来源**:中国地质大学(武汉)地球生物系

## *Neuropteris* Brongniart, 1822（脉羊齿）

10mm

奇数或偶数羽状复叶。小羽片舌形、长椭圆至镰刀形，全缘，基部收缩成心形，羽状脉，中脉延伸至小羽片全长1/2或2/3处就分散，侧脉以狭角分叉一至数次。早石炭世晚期至早二叠世（以中、晚石炭世最盛）。

**图片来源**：中国地质大学（武汉）地球生物系

## *Annularia* Sternberg, 1823（轮叶）

叶轮生，与枝夹角极小，几乎位于一个平面上，呈辐射状直伸排列，叶轮具上叶缺或无；每轮叶6~40枚，单脉，线形或倒披针形等，互相分离，长短近等或否。中石炭世至二叠纪。

**图片来源**：中国地质大学（武汉）地球生物系

## *Gigantonoclea* Koide. emend. Gu et Zhi,1974(单网羊齿)

10mm

羽状复叶或单叶;小羽片(或叶)大,披针形、长椭圆形或卵形,叶边缘全缘、波状或齿状;中脉较粗;侧脉分1~3级,细脉二歧分叉结成简单网,网眼长或短多角形,具伴网眼。早二叠世晚期至晚二叠世(个别残存至早三叠世早期)。

**图片来源:** 中国地质大学(武汉)地球生物系

# ***Pecopteris* Brongniart, 1822（栉羊齿）**

多次羽状复叶。小羽片两侧平行，顶端以钝圆的椭圆形、长舌形为主（少数为三角形），以整个基部着生于羽轴两侧；小羽片分离或连合，一般全缘；羽状脉，中脉达顶端，侧脉分叉或否。

**图片来源**：中国地质大学（武汉）地球生物系

## *Coniopteris* Brongniart, 1849（锥叶蕨）

10mm

蕨叶2～3次羽状分裂，末次羽片以宽角着生于轴上；小羽片楔羊齿型，基部收缩，边缘分裂成裂片，中脉不显著；有的羽片基部下边第一枚小羽片变态，变态小羽片近轴部分的裂片伸长，多裂成线状；实小羽片的裂片常退化，孢子囊群着生于叶边缘或叶脉末端。侏罗纪至早白垩世。

**图片来源**：中国地质大学（武汉）地球生物系

## *Podozamites* C.F.W.Braun cf. Miinster, 1843（苏铁杉）

10mm

枝轴细；叶片稀呈螺旋状着生，呈假两列状；叶呈椭圆形、披针形或线形；叶脉细，平行叶边缘至顶端聚缩。晚三叠世至早白垩世。

**图片来源**：中国地质大学（武汉）地球生物系

# 第三章　结束语

　　作者欲通过有广泛代表性的，包括那些各个地质历史时期常见并易于发现的化石帮助初学者学习和鉴定化石，特从本系教学化石收藏中挑选出保存完好的宏体化石作为主要的图册内容。尽管微体化石也是化石鉴定中十分重要的一部分，但本书仅收录了古生物学课中涉及的䗴类化石，相关其他类型的微体化石的研究还需要更为专门的知识。本书收罗了䗴、珊瑚、双壳纲、腹足纲、头足纲、三叶虫、腕足类、笔石和植物代表性化石，除图片外，每一类化石都作了概要的描述，希望对初学者能够起到一定的帮助。

# 参考文献

杜远生,童金南.古生物地史学概论.武汉:中国地质大学出版社,2009

何心一,徐桂荣等.古生物学教程.北京:地质出版社,1993

童金南,殷鸿福.古生物学.北京:高等教育出版社,2007

杨家禄,李志明.古生物学实习指导书.北京:地质出版社,1993